著作权合同登记：图字 01-2021-3276

图书在版编目（CIP）数据

我们为什么住这里？ / (西) 阿尔巴·卡尔巴亚尔文；

(西) 洛伦索·桑吉奥图；杨晓明译. -- 北京：天天出版社，2022.7

ISBN 978-7-5016-1872-9

Ⅰ.①我… Ⅱ.①阿… ②洛… ③杨… Ⅲ.①建筑 - 少儿读物 Ⅳ.①TU-49

中国版本图书馆CIP数据核字(2022)第085109号

责任编辑: 刘 馨　　　　　　　　美术编辑: 曲 蒙
责任印制: 康远超　张 璞

出版发行: 天天出版社有限责任公司
地址: 北京市东城区东中街 42 号　　　　　邮编: 100027
市场部: 010-64169902　　　　　　　传真: 010-64169902
网址: http://www.tiantianpublishing.com
邮箱: tiantiancbs@163.com

印刷: 北京博海升彩色印刷有限公司　　经销: 全国新华书店等
开本: 710×1000　1/8　　　　　　　　印张: 6.5
版次: 2022 年 7 月北京第 1 版　　印次: 2022 年 7 月第 1 次印刷
字数: 65 千字　　　　　　　　　　　印数: 1-5,000 册

书号: 978-7-5016-1872-9　　　　　　定价: 68.00 元

我们为什么住这里？

[西班牙] 阿尔巴·卡尔巴亚尔 / 文

[西班牙] 洛伦索·桑吉奥 / 图

杨晓明 / 译

人民文学出版社 天天出版社

的确，人类没有巨齿獠牙，也没有尖利的爪子，也不如有些动物跑得快。

但我们人类有一种超能力：

那就是超强的

适应力

人常常会感到无聊透顶，你会这么跟我说。

没错，某种程度上你是对的。

但让我们从另一个角度来看待这个问题：

许多动物需要一块非常具体的赖以生存的栖息地，

而我们人类却能在任何地方建起家园……

……虽然时不时我们
会以牺牲他人的家园为代价。

与自然界的其他生物相比，我们人类具备两项非同寻常的超能力，

正因如此，我们才能适时地调整我们的生活方式，在世界上几乎任何地方、

任何气候和环境下都得以安身立命。如果没有这两项超能力，我们则很难生存下来，

更别提发明巧克力、奶酪和飞机了。

我们从几个方面来看。先说**技术**。

幸亏有几个世纪以来积累的科学和技术发明，

曾经居住在洞穴里的人们……

……能直接从太阳那里获取生活必需的能量……

……或是在比如日本、智利这样地震频繁的地方，
建起抗震的楼房。

又或是设计出一些住宅的样板间，
有朝一日，人类移民火星时，
有用武之地！

一栋房子
就是一台居住
的机器。

房子应该像飞
机、汽车一样被
大量生产。

你们看到的这位先生，是一位建筑界的革命者。

现代主义建筑大师
勒·柯布西耶

但技术不过是冰山一角，
还有更深层次的东西隐藏其中：

文 化

文化包含一个社会，也就是说一个人类群体
所具有的知识、艺术、传统、神话和信仰。

在西班牙，由于夏季日照时间比其他欧洲国家要长得多，
人们会把家里所有房间都装上百叶窗。
起初，这不过是一种遮阳的简易方法，
但是久而久之变成了一种文化：
没装百叶窗感觉就像没穿衣服！

在亚洲和北欧的很多国家，进家门前要脱掉鞋子，
这种习惯也是一种文化。

我们主要是通过精神
文化，而不是生物属性
来达到生物适应性。

知道这点很重
要。不然你会自不量力
地把脑袋伸到鳄
鱼嘴里。

为了研究，他曾深入非洲与当地人一起生活。
马文·哈里斯
人类学家

你可能在想，如果自己一个人在冰天雪地中，你会冻死的，而且没有任何技术或文化可以解决这个问题。**你是对的。**

如果你独自留在西伯利亚，你会冻僵的。

如果你孤身一人待在阿塔卡马沙漠①，你会脱水的。

如果把你孤身一人丢在非洲大草原上，一头母狮就会猎杀你。

人类古老的需求之一是：在你晚上没回家的时候，能有人问起你在哪里。

另一点也很重要，那就是不要给你制造很多麻烦。

她曾在新几内亚同原始部落的居民居住在一起。

人类学家和诗人
玛格丽特·米德

① 南美洲西海岸中部的沙漠地区。

发生这样的事是因为：

人的适应力不是个体性的，而是**社会性**的。

人类是一个群居的物种，

需要同他人联系、沟通和分享。

这是因为我们有一个**容量巨大的**脑袋。

一般来说，社会性强的物种就会有容量更大的大脑。

说到房子，情况类似，

尽管你会觉得这难以置信。

一幢大房子，
比如一间**加泰罗尼亚**①农舍里面，
一个家族的几代人共同居住
在同一个屋檐下，
能容下更广泛且更长久的社会生活。

然而，那些较小的房屋，
比方说日本的**蜂巢公寓**，
只能勉强容纳一个人，
这种房屋并不适合长期生活，
只能作为廉价的旅店临时住一下。

她致力于维护全世界所有人适当的住房权利。

律师、社会活动家
莉兰妮·法哈

黄金不是人类的权利，
但住房是。

必须是。

那睡午觉呢？②

① 西班牙的一个自治区。
② 西班牙人普遍有睡午觉的习惯。

不管在什么情况下，无论你住在哪里，
你的第一间房子都是你的大脑！
（并且不可能从那儿搬走）

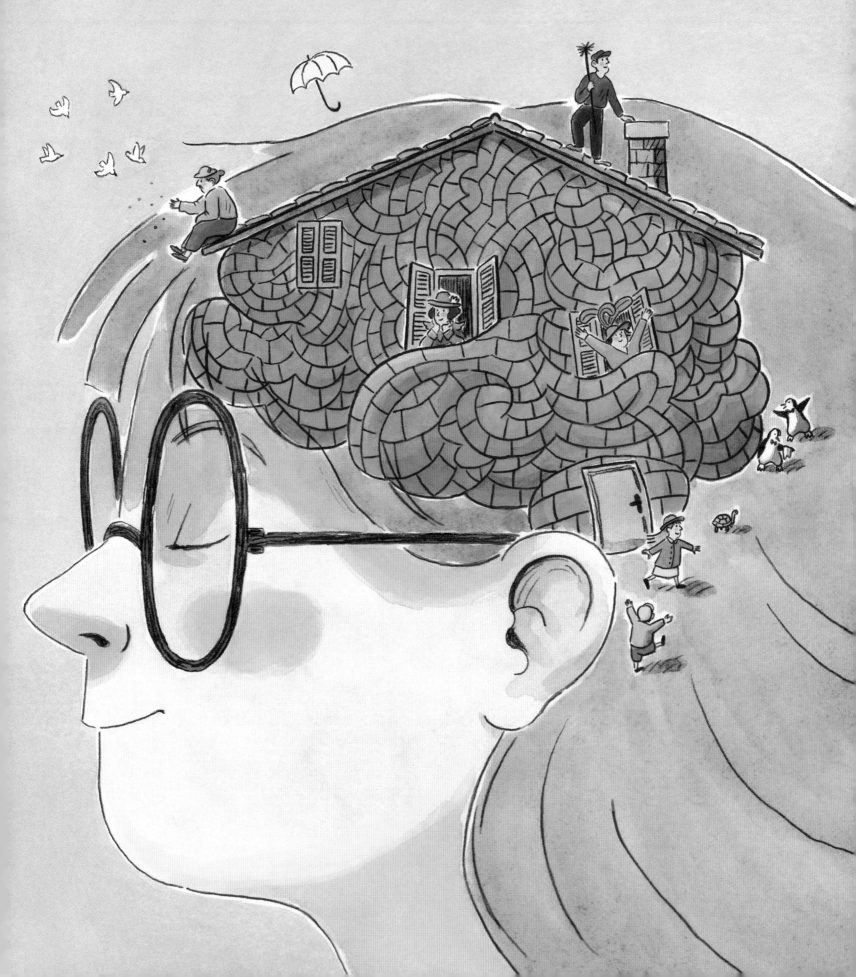

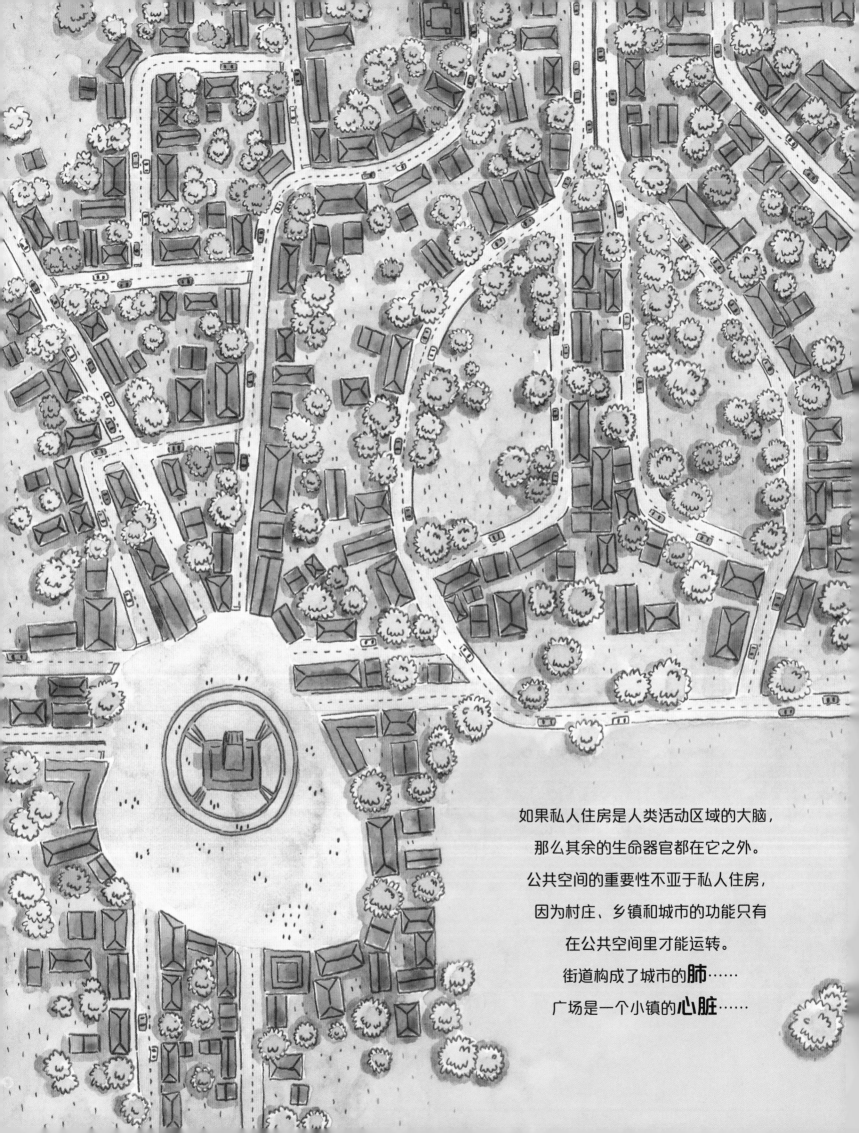

如果私人住房是人类活动区域的大脑，
那么其余的生命器官都在它之外。
公共空间的重要性不亚于私人住房，
因为村庄、乡镇和城市的功能只有
在公共空间里才能运转。
街道构成了城市的**肺**……
广场是一个小镇的**心脏**……

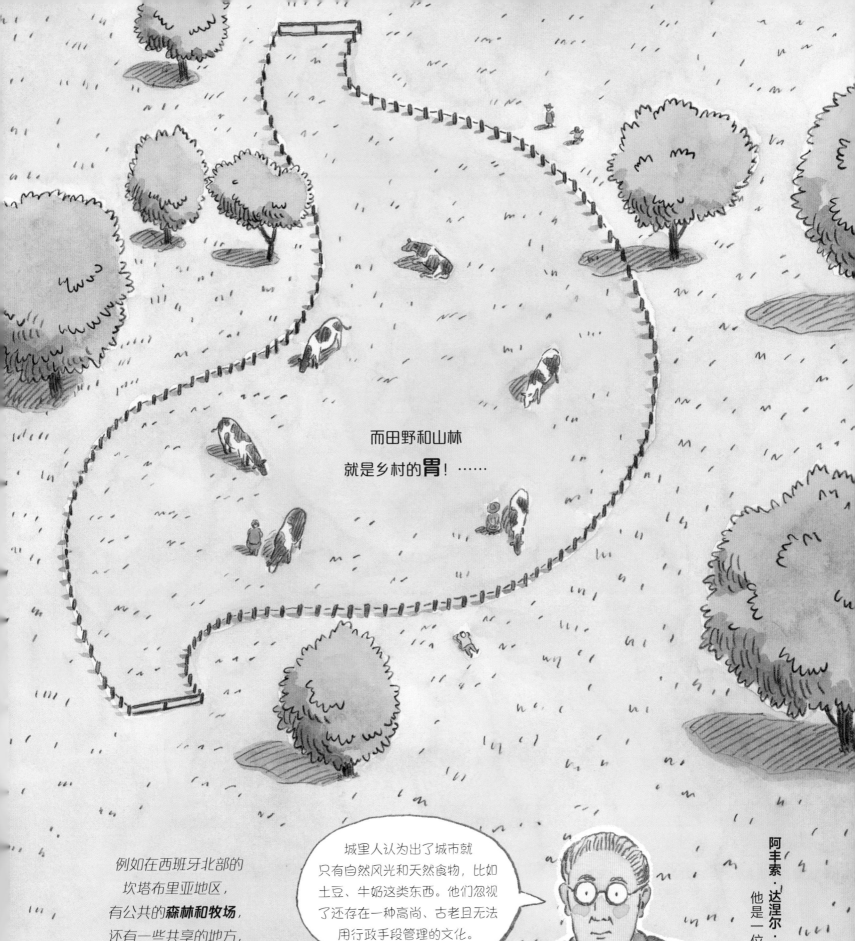

而田野和山林

就是乡村的**胃**！……

例如在西班牙北部的
坎塔布里亚地区，
有公共的**森林和牧场**，
还有一些共享的地方，
里面存放着大家取暖用的柴火和
所有养牲口的人家用的饲料。

城里人认为出了城市就
只有自然风光和天然食物，比如
土豆、牛奶这类东西。他们忽视
了还存在一种高尚、古老且无法
用行政手段管理的文化。

这里的风景
更绿，土豆和牛奶的
味道也更美。

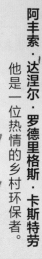

阿丰索·达涅尔·罗德里格斯·卡斯特劳

作家兼画家

他是一位热情的乡村环保者。

城市规划师、作家
简·雅各布斯
她曾经改变了我们的城市规划理念。

当我们想到一个城市时，首先映入脑海的是什么？是它的街道。当一个城市的街道让我们流连，整个城市都会让我们兴奋；而当街道呈现出悲凉的样子，整个城市也会看起来都很悲伤。

那些热闹繁华、穿梭涌动的城市多么活力四射！

随着
时间的推移，
乡镇和村庄发生着转变，
但这种变化常常很
缓慢。

但是有些
地方正在发生着
剧烈的改变。

在这些地方，变化太快了，给我们的感觉是那些高楼大厦和生意买卖日新月异。
我们说的就是**城市**。

城市里住着很多人，很多很多。比你想象的要多得多。

事实上，到2050年，世界上几乎70％的人都将生活在城市里：

每10个人中就有7个人生活在城市！这就是为什么**城郊**，也就是城市的外围地区正变得越来越大。

事实上，有些城市规模扩张得太迅猛，到最后不得不与邻近城市合并了之。

这些不停膨胀的城市，如东京、雅加达和德里，被称为**特大城市**。

城市会发生变化有多种原因，这是因为城市是非常复杂的，

可以说每时每刻，城市里都在发生着种各种各样的事。

虽然表面看起来乱糟糟的，但实际上它们却有自己的秩序。

你的房间也是如此：虽然看起来像一个狮子窝，

但你清清楚楚地知道每样东西放在哪里。

我们为改变自身做了什么，我们就是什么。

有时候我们和房子一样，需要一次全面整体的改革。

作家兼记者

爱德华多·加莱亚诺

对他来说，拉丁美洲的城市没有秘密可言。

比如说，设想有一栋高楼，

就像书中的这栋。

在过去，

人们更喜欢住在低楼层，

因为如果住高楼层，

意味着必须每天上上下下

爬很多楼梯。

那时候住在高楼层的

人都是些买不起

临街低楼层住宅的人。

房子所在楼层越高，

价格越便宜！

直到19世纪中期，

一项技术的发明

改变了这一状况。

你猜到是什么了吗？

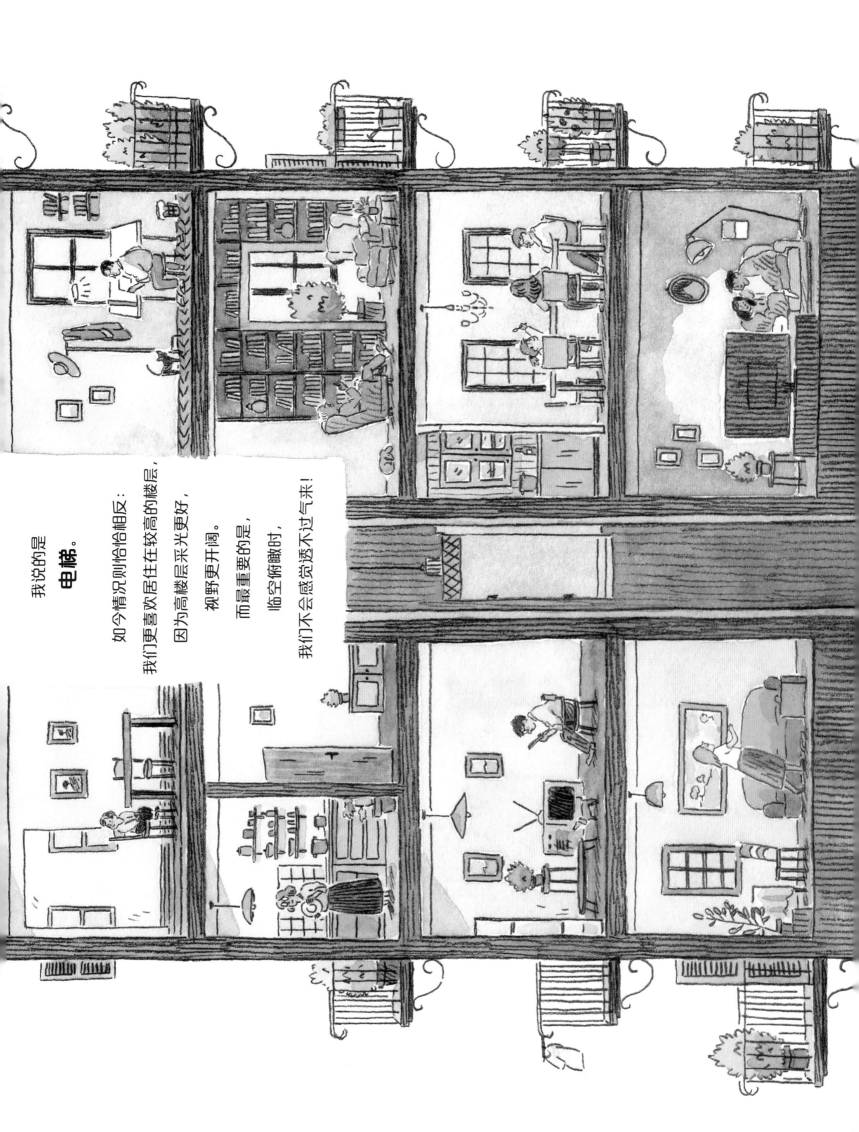

我说的是
电梯。

如今情况则恰恰相反：
我们更喜欢居住在较高的楼层，
因为高楼层采光更好，
视野更开阔。
而最重要的是，
临空俯瞰时，
我们不会感觉透不过气来！

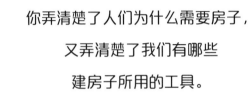

你弄清楚了人们为什么需要房子，
又弄清楚了我们有哪些
建房子所用的工具。
你也知道房子可以建在各种不同的地方，
你甚至见过一些令人震撼的、
异乎寻常的房子。

但这些还不是全部，
仍有一些关键的问题有待解决：

房子
有什么用?

她通过在非洲、美洲和欧洲旅行寻找灵感。

**工业设计师兼建筑师
艾琳·格瑞**

要创造，
首先要质疑一切。

所以你要知道：
如果你想了解世界，只需要
纸、笔和大量的问题。

房子
都有什么形状?

房子
有哪些共同
之处?

所有问题当中最重要的是……
房子到底是什么?

一幢房子是一个与

气候互动的空间。

你或许赞同我的观点，

比如在一个暴雨泛滥的地方和在一个

气温非常极端化的地方居住是不一样的。

因此人们建筑房屋时会考虑利用

当地气候来实现房子的某些功能，

所以房子就会有不同的形状，

根据太阳照射角度会有不同的朝向，

以及会使用相应不同的材料。

为了适应当地的气候，

有些房屋甚至能挪动！

在气候多雨潮湿的地方，
如西班牙的北方或英国的乡村，
传统的房子都有倾斜的屋顶，
通常呈三角形。
这些**坡式屋顶**是用来
防止雨水滞留在上面的。
覆盖屋顶的瓦片做过防水处理，
避免漏水或潮气进入屋内。

他的玛利亚别墅是世界上最著名的房子之一。

阿尔瓦·阿尔托 建筑师

一座恰到好处的建筑物
不仅在生态上具有可持续性，
在经济和文化方面
同样如此。

房屋就像衣服。
如果设计优良，接缝结
实，就能抵御任何
滂沱大雨。

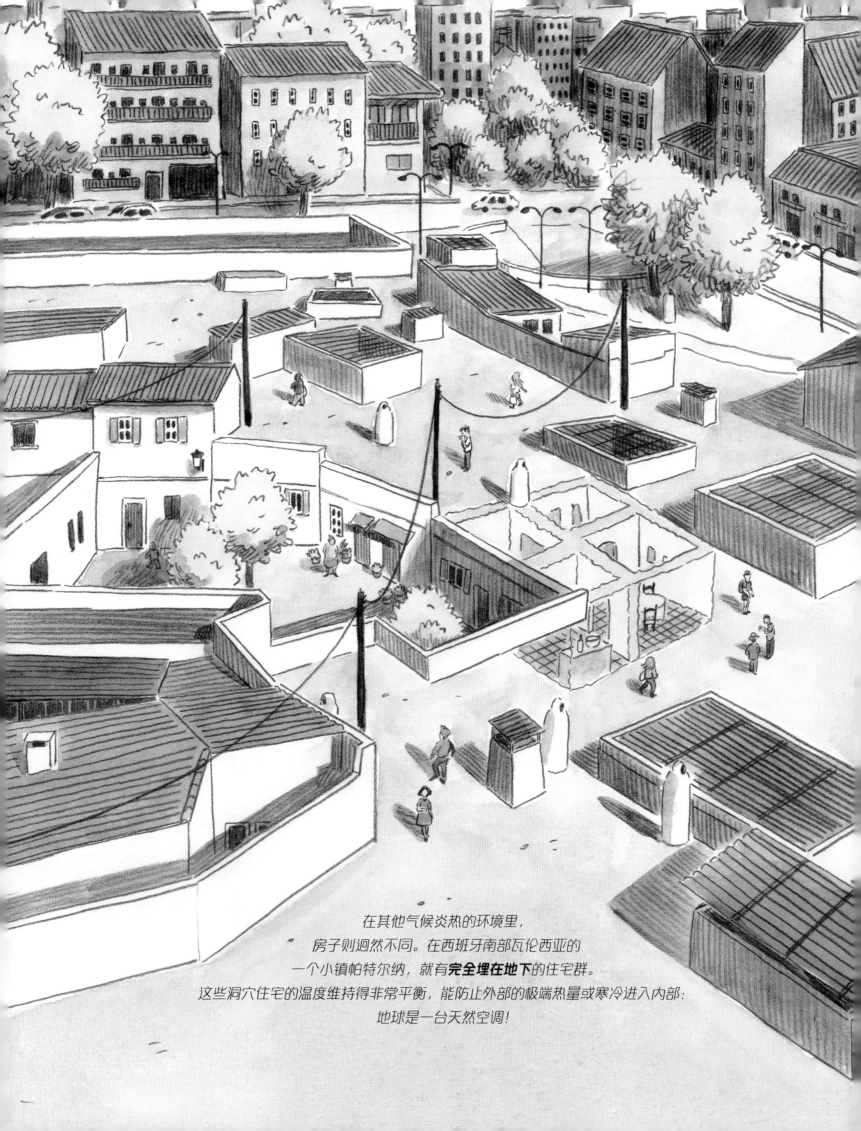

在其他气候炎热的环境里，
房子则迥然不同。在西班牙南部瓦伦西亚的
一个小镇帕特尔纳，就有**完全埋在地下**的住宅群。
这些洞穴住宅的温度维持得非常平衡，能防止外部的极端热量或寒冷进入内部：
地球是一台天然空调！

家是一个让我们感到 **安全** 的地方。
家，首先是一个逃离外界危险的避难所。

虽然害怕的感觉让人不快，
但我们人类之所以能作为
一个物种生存下来，
正是因为我们和其他动物
一样会感到害怕：
害怕驱使我们保护自身不受环境干扰，
也不受他人干扰。
因此，无论什么住所，
洞穴也好，宫殿也罢，
都必须让我们感到安全。

她设计的建筑中出现了流动丝巾一样的长弧曲线！

建筑师兼设计师
扎哈·哈迪德

建筑学本质上是一门
研究幸福的学科。我想人们能在
一个空间里感觉良好，一方面是因为它
让人感觉安全，另一方面是它也
让人感觉快乐。

而最大的快乐
莫过于不被老虎吞噬，不被
箭矢射穿，也不被
敌人逮住！

大城市和**高档社区**处处都有安全摄像头，

其作用与中世纪城堡外的护城河与城墙一样：控制外人进入。

在自己家里寻求庇护，这没问题，但还有比窃贼、病魔或强盗**更险恶**的东西：恐惧。

它把我们生活的缰绳抓在手里，我们因恐惧

丧失了自由，抛开了人生的经验，对他人不再信赖。

家的**舒适性**很重要。

任何房子的第一用途

都是保护我们不遭受风吹雨打和确保安全,

但这并非唯一的用途。

舒适性同样至关重要:有足够的空间,

有一张舒适的扶手椅供我们坐下来看书,

房子里可以休息、做饭、洗漱……

为了在家感觉更舒服,

人们常常对自己的住宅做一些改造。

将一面墙刷成更明亮的颜色,

或者调整书桌摆放的位置来获取更充足的光线,

这些改变足以使房间更加舒适。

有时,我们还需要来一次大变革,

让房子彻底改头换面。

再糟糕的房子都能改造,
都能物尽其用。

确定?

可以肯定的是:
什么都能处理好,只要有很多
的爱、一丢丢的兴趣,再加
上两个垃圾袋。

她开辟了室内设计的先河,为后来的女设计师开辟了道路。

**室内设计师、作家、演员
艾尔西·德·沃尔夫**

我们最新的创举是

通过**智能家居**来提升家居的舒适度。有了这种被称为

"智慧家"

的技术，很多东西我们都可以通过互联网控制：

客厅里的灯、扫地机器人、暖气的温度……

甚至是我们所消耗的能量！

在一所房子里，居住者对 **隐私**

的重视度也不一样。我们都乐意享受家人和朋友的

陪伴，但有时我们也需要独处。

无论我们与同住的人相处得多么融洽，

有一扇偶尔能关闭的门是件好事。

比方说：准备一场十分重要的考试，

要跟某人讲一个秘密，排练一段钢琴曲，

或者在碰到伤心事的时候哭出来。

然而，住宅中人们对隐私的需求

则完全取决于住在里面的人。

想象一下，一个是与五位陌生人同住的学生，

一个是与闺密同住的女孩，

他们对隐私的要求就不同；

一对有多个孩子的夫妇的家与一个独居者的家

对隐私的需求也不会完全相同；

总是居家办公的人和去办公室上班的人、

在街区工作的人以及在田间劳作的人

对隐私的衡量方式也不尽相同。

在纽约，
传统住宅有很多各不相同的房间，
这是为容纳大家庭而设计的。

写小说，一个
女人需要钱和一个
自己的房间。

这样你就知道：
别弄出声响，并且出去
时要把门关上。

她在文学中捍卫男女平等。

弗吉尼亚·伍尔芙 作家

然而，在二十世纪50年代，**复式公寓**在艺术家和学生中间流行起来，
这种宽敞的公寓有巨大的窗户，采光非常好，天花板极高，几乎没有任何隔断或墙壁。
复式公寓曾经是大苹果城（纽约）把老旧工业厂房改造成廉价住房的噱头，可现在已成了
很受欢迎的住宅。对很多不需要多个独立房间，而更愿意拥有一个宽敞明亮、
畅通无阻空间的人来说，复式公寓是他们的理想选择。

有人十分看重房子能否**移动**，

于是就有这种独特的房子供他们居住。

一万多年前，

人类开始停止**游牧**的生活方式，

不再从一处迁徙到另一处

来寻找食物和庇护地。

我们慢慢成为**定居**的物种：

族群和部落开始留在

一个地方生活并修建长期的住所。

然而，出于传统习惯、

生活所需或自主选择，

仍有部分集体、

家庭和个人过着游牧生活，

他们"背着房子"游走四方，

就像蜗牛一样！

世界上仍有一些游牧民族，

如哥伦比亚的**努纳克人**，

格陵兰、阿拉斯加和西伯利亚的**因纽特人**，

以及北非和中非的**图阿雷格人**。

这些社群没有固定的家，

他们随着动物的迁徙、

季节的更替和

牧草的枯荣不断迁移。

我们是旅途中的物种，不名一文，行李傍身，跟随那风中的花粉，我们活着，因为我们动着。

在巡演的卡车里睡觉太美了，少有能与之媲美的地方。

他属于太多地方，他的家在边境。

音乐家兼作曲家
荷西·德克勒

但是，游牧主义的生活主张并非只属于原住民，世界各地
越来越多的人厌倦了一成不变的住处和
按部就班的工作，决定抛开一切，
开启房车的旅行生活。

你能想象每天醒来都在不同的地方吗？

房子的条件受**经济**因素影响很大。

虽然有些地方有非常舒适、漂亮的房子，

但不是每个人想住在哪里，就能住在哪里。

实际上，世界上有许许多多人无法

拥有一个满意的房子：

有的人挤在面积过于狭小的房子里生活；

有的人的房子没有相关的配套设施，甚至没有自来

水和供电等基本的生活服务保障；

又或者有的人直接住在废墟房里，这样的房子根本

无法御寒遮雨，

更别提给居住在里面的人带来安全感和幸福感了。

消除贫困并非一
场慈善行动，而是一场
正义的行动。

种族主义和不平等
的观念就像不准在比萨上加菠
萝一样毫无道理可言。

反种族隔离活动家、律师
纳尔逊·曼德拉

经过27年的监禁，他成为南非第一位黑人总统。

两种迥异的现实可以在同一个城市里共存。例如在拉丁美洲最大、最重要的城市之一里约热内卢的**依帕内玛区**，遍地餐馆、商铺和摩天大楼，其中不乏豪华的住宅和酒店。

离那儿不远，只需步行一小时，就是南美洲最大的贫民窟——**罗西尼亚贫民窟**。贫民窟在巴西被叫作"法维拉"，由当地人自己建造，法维拉里有成千上万的人生活在贫困中，这些人既没有购买力，也租不起一个像样的房子。

现在你知道了，房子有许多不同的用途。

作为人类，

要适应房子所在地方的环境，

还要适应生活在里面的人。你也看到了，

不是每个人都需要相同类型的住房，

也不是我们每个人都有同等的机会：

有时，出生环境决定了

你有一个好点儿还是差点儿的房子。

还有些问题我没给你讲：

没有**床**会
睡得好吗？

所有地方的
电视机
都一样重要吗？

一栋建筑的生命是
双面的：建筑师在想象中赋予
它的生命和它实际拥有的生命，
这两种生命并不总是
完全一致的。

好比间谍？

嗯，这比喻
非常恰当！

他认为建筑是其时代的反映。 **雷姆·库哈斯** 建筑师

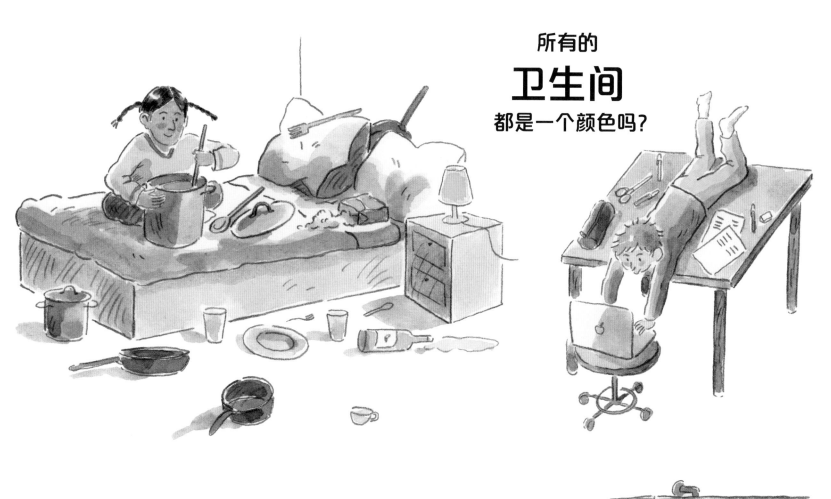

所有的
卫生间
都是一个颜色吗?

总而言之,
房子要如何使用?

每个房子都有一个用于**睡眠**的区域。

卧室可以只用于休息，但在大多数情况下，

卧室也有其他用处：存放我们的个人物品，

充当书房、更衣室……

一般说来，卧室是房子中最私密的房间之一。

一座房子，无论是为一人还是为多人设计，

面积是大是小，一定会有一张**床**。

我说错了吗?

对我来说，幸福
是拥有健康，是无惧地入梦
和无忧地醒来。

尽管巧克力也有助
于增强我们的幸福感。

法国著名的才女作家。

弗朗索瓦丝·萨冈

作家兼电影导演

不是每个人都睡在床上。比如，许多日本人喜欢……**睡在地板上！**

在传统的日本家庭中，如今依然
将一种轻便的垫子铺在地上，晚上用来睡觉，即**榻榻米**。
榻榻米能使人在睡眠时保持更自然的姿势
并防止背部疼痛。

**你习惯在这些
床上睡觉吗？**

欧洲人已经习惯了全白色的无菌卫生间。
这是因为，在西方，
放松与明亮的空间有关。

然而，在日本文化中，
情况恰恰相反：
传统的日本卫生间偏向于**黑色或非常深的颜色**。
人们倾向于使用天然的材质，
如**木头**或**石头**。
这种差异是由于在东方，
舒适与光线关系不大，
但与寂静、幽暗和天然的环境
有很大关系。

客厅、餐厅等房屋中的公共区域，

是一家人**团聚**的地方。

客厅，又叫起居室，是人们共享的空间。

通常位于房子最好的区域，

也是一个家的神经中枢之一。

所有家庭成员在此相聚。

如今，我们对一件事已经司空见惯，

那就是客厅的焦点都集中在一个呈长方形、

能发光的东西上，

它可以让我们开开心心地一连玩上几个小时。

它就是：**电视机**。

然而情况并非一直这样。

半个世纪前，电视机还是一种奢侈品，

很少有人能买得起。

没多久以前，电视机还是黑白的。

而实际上几百年前，

当无线电还没有被发明出来的时候，

房子中是连客厅也没有的。

家是一个人
被等待的地方。

好似牙医的
候诊室。

他创建了一个艺术家和作家的家。

安东尼奥·加拉　作家

在古罗马最好的住宅里，
中庭会有一个方形蓄水池：
水池用于收集雨水和照亮房子与
庭院里的其他房间。

但是，让我们再深入了解一点点。

如果说水在罗马帝国时代十分重要，

那么想象一下**火**又是多么不可或缺。

自从原始人学会掌握火以来，

火就在他们的洞穴中占据了特权地位。

有了火，就能看得更清楚，

就能在冬夜里取暖，就能把食物做熟。

虽然今天我们用现代炊具、电器和暖气取代了火，

但人类千百年来一直对这样一个场景心向往之：

一边围炉而坐，品尝美食；

一边听人讲一个美好的故事。

在我看来，厨房是如今文明世界留给我们展示慷慨大方的最后一处堡垒。

所以套餐的量永远都要巨大无比。

在她的书中，菜谱解释了整个世界。

劳拉·埃斯基韦尔 作家

所有的发现都不足为道，

还有很多等你去探索……

因为有千万种不同的生活方式……

这个世界是
我们所有人的家园。

阿尔巴·卡尔巴亚尔

我有四海为家的超能力，也就是说，在这个世界上，哪里有我的容身之地，哪里就是我的家。

比方说当和我的爷爷奶奶、几位挚友、奥克塔维奥和我的书在一起时，我就感觉回家了。再比如，挤满人的音乐大厅和火车，或者任何一家咖啡很美味的酒吧长椅，都可以是我临时的家。我的第一个家在西班牙西北部的卢戈，世界上唯一完整的古罗马城墙就在那里。或许正因为如此，父母之恩和手足之情筑起了我对抗悲伤的铜墙铁壁。另外，我还曾满心欢喜地住在马德里查米纳德大学的学生公寓，那些三四层的楼房里总是人满为患。我还曾住在巴黎一个16平方米的小房间里；住在科尔多瓦一个由17世纪的修道院改造成的艺术住宅里，这些经历给了我全新的开始。现在，不安分的我决定在西班牙的曼萨纳雷斯河面前的一个公寓里停留一段时间，太阳每天下午都会来河对岸睡个午觉。所有这些地方，还有那些尚未到来的地方，都是我的家。

洛伦索·桑吉奥

　　我的家在意大利北部的一个小村庄，离米兰很近，近到可以感觉身在闹市之中，但又离米兰足够远，远到可以享受乡下的美景。

　　接着，我的家在布雷西亚的一个工作室，它名叫"房子"，实际上是一个艺术项目，由我们三个同学一起创办。白天我们在工作室里度过，很多人围着我们，忙忙碌碌；到了晚上，我们就把橱柜放倒，铺上床垫当床，睡在上面。

　　后来，我来到意大利中部的马切拉塔市，这里成了我的家。它陪我徜徉在插画的世界里，陪我完成了在法布拉高等艺术学院的硕士学业。从几年前开始，我与我的家人、小狗、猫咪和画室在一起，过着幸福充实的生活。